impACTE

Carrie Toth

somewheretoshare.com

SOMEWHERE
TO SHARE

The Sustainable Development are the property of the United Nations.

Printed in the United States
1st edition - 1st printing

ISBN: 978-1-967132-09-6

impACTE

French Language Consultant:
Vanessa Garnier
Translated by:
Krista Kovalchick
Cover Designer: Carrie Toth
Images: Shutterstock

For Hanna and Sammi - may you grow into change-makers who leave the world more equitable, more sustainable, and better than you found it.

Table des matières

Introduction:

In 2015, the United Nations adopted 17 global goals known as the Sustainable Development Goals (SDGs). These goals were created to address some of the most urgent challenges facing our world: hunger, health care, equality, access to clean water, sustainable cities, and responsible consumption of resources. The SDGs are a shared plan for building a more just, healthy, and sustainable future for everyone. But the SDGs are more than policies and statistics. They are about people.

OBJECTIFS DE DÉVELOPPEMENT DURABLE

Around the world, individuals and organizations are working every day to improve their communities and protect our planet. Chefs feed communities after disasters. Doctors bring medical care to places where hospitals do not exist. Activists fight for equality and opportunity. Engineers and community leaders build systems that provide clean water, safe homes, and sustainable ways of living.

impACTE introduces readers to some of these people and organizations. Through real stories and global examples, this book explores how the Sustainable Development Goals come to life in communities around the world. Each chapter focuses on one SDG and highlights individuals and organizations whose work demonstrates how innovation, compassion, and collaboration can create meaningful change.

The goal of this book is not only to inform, but also to inspire. Every reader, whether student, teacher, or global citizen, has the ability to make choices that contribute to a better future. Understanding the challenges our world faces is the first step toward becoming part of the solution. Your impact can begin here.

ODD 2 Faim « Zéro »
Chapitre 1

L'Objectif de Développement Durable 2 s'appelle Faim zéro. Son but est de mettre fin à la faim, de garantir la sécurité alimentaire et d'améliorer la nutrition de toutes les personnes. Il cherche aussi à promouvoir des pratiques d'agriculture durable sur toute la planète.

En 2023, plus de 2,3 milliards de personnes se trouvaient en situation d'insécurité alimentaire modérée ou sévère. Selon les données de l'ONU, cette réalité est profondément liée au changement climatique, aux conflits mondiaux et aux inégalités.

Cet objectif a un impact énorme sur la vie des élèves partout dans le monde, parce que l'accès à la nourriture a un impact sur leur santé, leur éducation et la stabilité de leurs familles et communautés. La nourriture n'est pas seulement nécessaire pour survivre ; pouvoir y accéder dans la dignité est un droit humain fondamental.

Pour comprendre comment nous pouvons faire face à ce problème mondial, nous pouvons regarder l'exemple de José Andrés, un chef espagnol qui a dédié sa vie à combattre la faim. Il ne se contente pas de parler du problème ; il cherche des solutions. Il voyage dans les endroits les plus touchés pars l'insécurité alimentaire, cuisine pour ceux qui en ont besoin et il reste jusqu'à ce que la communauté puisse se nourrir seule.

Le chef José Andrés est né en Espagne, dans la **communauté autonome**[1] des Asturies. Il a émigré aux États-Unis à l'âge de 21 ans. Il a travaillé à Washington, D.C., où il a été reconnu comme étant un chef remarquable. Il est notamment salué pour avoir introduit la cuisine espagnole dans la gastronomie américaine.

Il est connu pour sa curiosité, son optimisme et sa générosité. Il a un grand sens des responsabilités et est

[1]**communauté autonome** – autonomous community

convaincu que les êtres humains sont nés pour s'entraider. Cette conviction motive son désir de faire une différence grâce à son organisation humanitaire, World Central Kitchen (WCK).

La vie de José Andrés a été profondément influencée par la cuisine. Il a grandi dans une famille où la nourriture était au centre de la communauté. Quand il était jeune, il préparait la paëlla avec son père. Aujourd'hui, il fait des paëllas dans son émission télévisée pour montrer au monde la richesse des recettes traditionnelles de son pays.

Il a reçu sa formation culinaire au restaurant espagnol elBulli, où il a travaillé avec le célèbre chef Ferran Adrià. Il y a appris la discipline, la précision et la créativité grâce aux techniques révolutionnaires d'Adrià. Cette formation ne l'a pas seulement transformé en chef d'exception ; elle lui a aussi donné les **outils**[2] pour penser de manière innovante lorsqu'il

[2]**outils** – tools

a commencé plus tard à nourrir des communautés en situation de crise. Le 12 janvier 2010, un événement a changé la vie de José Andrés pour toujours. À 16 h 43, un tremblement de terre dévastateur de magnitude 7,0 a touché Haïti. L'épicentre se trouvait près de la capitale, Port-au-Prince. Des millions de personnes se sont retrouvées sans abri, les infrastructures du pays ont été détruites et une très grande crise alimentaire a commencé.

Andrés a décidé d'aller en Haïti. Il n'avait aucun plan, mais il voulait offrir son aide en tant que volontaire. Il voulait donner à manger aux personnes qui ont faim. À son arrivée, il a vu que la nourriture pouvait non seulement **remplir**[3] les estomacs, mais aussi aider à redonner l'espoir au milieu du désastre.

[3]**remplir** - to fill

Être au cœur du désastre lui a donné une meilleure compréhension de la façon dont l'aide fonctionne réellement dans ces situations. L'aide gouvernementale n'est pas rapide : il y a trop de bureaucratie et pas assez d'argent. Les personnes qui ont faim n'ont le temps d'attendre ni des papiers administratifs, ni des systèmes parfaits. Il a vu que les cuisiniers locaux et les produits locaux peuvent jouer un rôle puissant dans le processus de reconstruction.

Pour commencer, il a travaillé avec des chefs locaux pour préparer des plats auxquels la population haïtienne était habituée. Le chef Andrés croit qu'il est important de servir des repas que les gens apprécient déjà lorsqu'ils vivent une crise. Il installe ses cuisines dans la zone sinistrée, et non à l'extérieur. De cette façon, il peut utiliser des produits locaux, soutenir l'économie locale et nourrir le plus grand nombre possible de victimes.

En 2010, le chef Andrés a fondé son organisation humanitaire. Il n'avait qu'une petite équipe : composée uniquement de lui et de sa femme, Patricia. Leur mission reste la même : utiliser la nourriture comme première réponse en cas de crise. Pour la famille du chef, c'est essentiel, parce que toute sa famille est convaincue que la nourriture représente bien plus que des calories : elle apporte du réconfort, de la dignité et du lien humain, surtout dans les moments les plus difficiles. World Central Kitchen est convaincue que les communautés touchées par une catastrophe naturelle doivent être partenaires, et non de simples bénéficiaires passifs de l'aide. L'organisation humanitaire pense aussi que l'aide internationale doit intervenir rapidement, s'adapter et être présente au cœur même du désastre.

Leur premier projet était d'installer des cuisines scolaires et des espaces propres pour cuisiner en Haïti. D'autres projets **prévoyaient**[4] des interventions dans d'autres pays également touchés par des catastrophes naturelles (en République dominicaine, en Zambie et au Nicaragua). Ces projets initiaux ont montré qu'une

[4]**prévoyaient** - planned

intervention rapide, pratique et communautaire pouvait transformer profondément la manière dont on apporte l'aide après une crise. À partir de là, WCK a commencé à se développer rapidement. WCK a grandi rapidement grâce à son modèle unique. Ils interviennent rapidement, souvent avant d'autres organisations non gouvernementales beaucoup plus grandes. De plus, ils installent leurs cuisines près des personnes qui ont besoin de nourriture. Cela aide davantage de gens à accéder aux repas. Ils utilisent aussi des produits locaux et travaillent avec des chefs et travailleurs locaux.

impACTE

Ce modèle fonctionne parce qu'il soutient les économies locales, respecte les traditions culinaires et peut grandir rapidement grâce à l'implication de la communauté sur place. Une autre raison pour laquelle WCK est unique est qu'ils servent des repas chauds, cuisinés avec des produits frais, alors que d'autres organisations distribuent des rations emballées.

José Andrés montre que la passion d'une seule personne peut avoir un impact mondial. Les chefs — pas seulement les politiciens ou les grandes ONG — peuvent créer de véritables changements. WCK est un modèle de créativité, de courage et d'humanité.

As-tu une passion qui pourrait servir aux autres ? Comment peux-tu mettre en œuvre les objectifs de l'Objectif 2 dans ta communauté ?

ODD 3 Bonne santé et bien-être
Chapitre 2

La première richesse est la santé. —Ralph Waldo Emerson

Dans de nombreuses régions du monde, une blessure, une maladie ou une opération peuvent devenir une question de vie ou de mort. L'Objectif de Développement Durable 3 cherche à garantir la santé et le bien-être de toutes les personnes sur la planète. Il cherche aussi à promouvoir le bien-être pour tous, à tous les âges.

Dans le monde, des millions de personnes n'ont pas accès aux **soins**[1] médicaux ni aux soins préventifs. Il existe des maladies comme le **paludisme**[2], la tuberculose et la **rougeole**[3] qui sont évitables, mais sans accès à l'eau potable et aux vaccins pour les enfants, des personnes continuent encore d'en mourir.

Dans de nombreuses régions, le taux de mortalité des mères et des bébés est élevé à cause du manque

[1]**soins** - treatments
[2]**paludisme** - malaria
[3]**rougeole** - **measles**

d'accès aux traitements modernes et du manque d'équipement des infrastructures. De plus, dans les zones de conflit ou de catastrophe, l'accès aux soins de santé est presque impossible.

L'Objectif 3 est important parce que la santé est la base de communautés stables. Quand la population est en bonne santé, l'économie fonctionne mieux. Sans accès aux soins de santé, le cycle de la pauvreté continue pour les familles les plus pauvres.

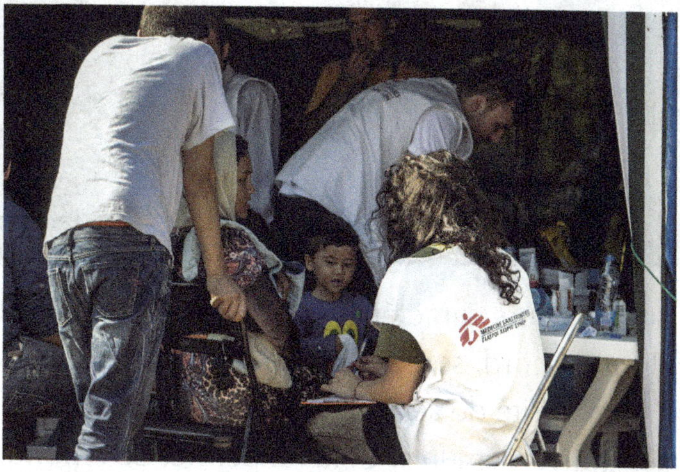

L'un des groupes qui réalise un travail très important pour protéger la santé des populations dans le monde est l'organisation Médecins Sans Frontières (MSF). Cette organisation apporte une aide médicale dans des endroits où d'autres organisations ne veulent pas ou ne peuvent pas aller, comme les zones de crise. C'est une organisation humanitaire indépendante, neutre et internationale qui ne se contente pas de soigner ses patients, mais qui sensibilise aussi le monde aux besoins médicaux mondiaux.

Il existe plusieurs caractéristiques clés de l'organisation MSF. Tout d'abord, son indépendance financière. Elle reçoit la majorité de ses fonds de petits donateurs, et non des gouvernements. Cela lui permet de répondre rapidement aux crises. Elle peut mobiliser une équipe médicale en 24 à 72 heures après une urgence.

De plus, MSF est neutre. Elle soigne toutes les personnes sans tenir compte de leur race, de leur religion ou de leurs opinions politiques. Elle est présente dans plus de 70 pays, et ses volontaires sont des milliers de médecins, d'infirmiers, de pharmaciens, d'**ingénieurs de l'eau**[4], de sages-femmes et d'autres travailleurs humanitaires.

L'organisation est née en 1971 grâce à un groupe de médecins et de journalistes français qui ne pouvaient plus rester silencieux. Ils avaient vu de leurs propres yeux comment, pendant les famines et les tremblements de terre, l'aide mettait trop de temps à arriver. Pendant que les gens attendaient, ils souffraient… et ils mouraient. Ils étaient convaincus que les médecins devaient pouvoir traverser les frontières pour sauver des vies sans demander la permission, et qu'ils avaient aussi la responsabilité de parler lorsqu'ils étaient témoins d'injustices et d'atrocités.

Aujourd'hui, les médecins de MSF continuent de vivre cette mission chaque jour. Ils interviennent rapidement après des catastrophes naturelles comme les tremblements de terre, les tsunamis et les inondations, ainsi que pendant les épidémies dangereuses comme Ebola et le choléra. Ils entrent dans des zones de conflit comme Gaza, la Syrie et le Soudan du Sud. Ils aident aussi pendant des crises de déplacement,

[4]**ingénieurs de l'eau** – water engineers

comme dans les camps de réfugiés au Kenya, au Bangladesh et en Grèce, où se trouvent des milliers de personnes qui ont tout perdu.

Ils arrivent dans ces régions avec des équipes spécialisées composées de médecins, de chirurgiens et d'infirmiers qui travaillent sous une pression extrême. Mais ils ne soignent pas seulement les blessures du corps. Ils envoient aussi des psychologues et des travailleurs en santé mentale, car au milieu de la guerre, de la perte et de la peur, les personnes ont besoin de quelqu'un qui les écoute. Pour les femmes enceintes, ils envoient des sages-femmes et des spécialistes de la santé maternelle, même dans les endroits les plus dangereux du monde.

Leur travail ne se limite pas à la médecine. MSF aide aussi à reconstruire et à rétablir l'essentiel pour survivre : l'électricité, l'eau potable et des hôpitaux portables qui peuvent être installés en quelques heures. Là où il n'y avait rien avant, ils créent des espaces de vie, d'espoir et de soins.

Médecins Sans Frontières a un impact véritablement mondial. Au Bangladesh, ils ont aidé des milliers de réfugiés qui avaient quitté la violence avec seulement les vêtements qu'ils portaient. Là-bas, ils ont construit des hôpitaux qui ont sauvé des vies, soigné des femmes enceintes et pris soin des nouveau-nés. Ils sont aussi arrivés avec des vaccins et un **dispositif de soutien**[5] en santé mentale pour des personnes qui vivaient chaque jour avec la peur, le traumatisme et l'incertitude.

Pendant la guerre civile en Syrie, MSF a fait quelque chose d'encore plus dangereux. Ils ont construit des hôpitaux secrets pour pouvoir soigner les victimes de bombardements et d'attaques chimiques. Ainsi, les médecins de MSF ont réussi à travailler, à protéger les populations et à sauver des vies dans des lieux où les

[5]**dispositif de soutien –** support system

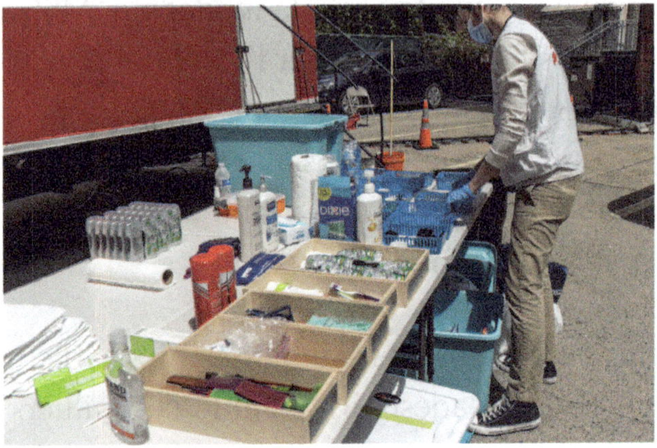

systèmes gouvernementaux **avaient échoué**[6] à entrer et où l'aide ne pouvait pas parvenir et ce, même lorsque leur propre sécurité était menacée. MSF a un lien direct avec l'ODD 3. L'organisation garantit une vie en bonne santé aux personnes qui vivent dans des zones de conflit et de catastrophe. Elle offre un accès universel aux soins médicaux lorsqu'elle entre dans des endroits où il n'existe aucune aide médicale. Elle aide à prévenir les épidémies grâce à ses campagnes rapides de vaccination. Elle prend soin de la santé maternelle, infantile et mentale des personnes qui vivent dans des situations à risque élevé, ainsi que des survivants de traumatismes, de violences et de déplacements. Ces médecins sont de véritables exemples de ce que nous devons faire pour prendre soin des populations du monde.

[6]**avaient échoué** - had failed

ODD 5 Égalité entre les sexes
Chapitre 3

Qu'est-ce que l'égalité de genre ? Cela signifie que toutes les personnes, quel que soit leur genre, ont le droit aux mêmes opportunités, ressources et protections. L'Objectif de Développement Durable 5 cherche l'égalité entre les genres et l'**autonomisation**[1] des filles et des femmes du monde entier. Pour beaucoup d'élèves, aller à l'école est quelque chose de normal. Ils se lèvent, prennent le bus et entrent en classe sans y penser. Mais dans de nombreuses régions du monde, l'éducation n'est pas un droit garanti. Dans certains pays, les filles ne peuvent pas toujours aller à l'école, surtout lorsque les familles n'ont pas beaucoup de ressources.

Souvent, les filles ont moins d'opportunités que les garçons. Certaines quittent l'école pour aider à la maison. D'autres sont obligées de se marier très jeunes. Les inégalités de genre ne sont pas seulement

[1]**autonomisation** – empowerment

un problème du passé : elles continuent d'affecter la vie de millions de personnes aujourd'hui.

En plus des différences en matière d'éducation, la violence basée sur le genre reste un problème mondial. Dans beaucoup de pays, les femmes et les filles ne sont pas respectées, n'ont pas les mêmes opportunités et leurs droits fondamentaux ne sont pas respectés. Pendant qu'une fille, dans un pays, se prépare pour aller à l'école, une autre fille du même âge, dans un autre pays, se prépare à se marier.

L'Objectif 5 cherche à mettre fin à la discrimination et à la violence contre les femmes et les filles. Chaque femme et chaque fille mérite d'avoir de vraies opportunités dans l'éducation, le travail et tous les aspects de sa vie. Toute personne devrait pouvoir se sentir en sécurité, que ce soit lorsqu'elle est seule ou avec son partenaire.

Dans certains endroits, l'éducation est un droit et tout le monde peut y avoir accès, quel que soit son genre. Mais dans d'autres endroits, il existe encore des pratiques discriminatoires. Les femmes n'ont pas toujours la possibilité de recevoir une éducation de même qualité que leurs camarades masculins. Pour beaucoup de filles, leurs vies sont plus difficiles simplement parce qu'elles sont des filles.

Au Mexique, en 2025, une élection a marqué l'histoire. Claudia Sheinbaum est devenue la première femme élue présidente du pays. Ce moment a été historique parce que, sous son leadership, le Mexique peut lancer des campagnes contre les violences faites aux femmes, le **harcèlement**[2] sexuel et en faveur des droits des femmes.

Sheinbaum a déclaré : « Je n'arrive pas seule, nous

[2]**harcèlement** – harassment

arrivons toutes ! » Ses mots représentent des millions de femmes qui, pendant des générations, n'ont pas eu de voix ni de pouvoir. Sheinbaum est un bel exemple de ce qu'une femme peut accomplir lorsqu'elle a de vraies opportunités.

L'égalité de genre profite à toute la société, pas seulement aux femmes. Quand les hommes et les femmes travaillent ensemble, ils peuvent créer des espaces plus justes et plus sûrs pour tous. Le changement ne commence pas seulement dans les gouvernements ou les lois ; il commence dans nos propres communautés. Dans ce mouvement mondial, l'Organisation des Nations Unies (ONU) est un leader qui encourage des actions pour protéger les droits des femmes et des filles dans le monde entier.

L'organisation ONU Femmes est une agence dédiée exclusivement à la promotion de l'égalité de genre. Elle a été créée en 2010 parce qu'auparavant, les

départements de l'ONU qui travaillaient sur les questions des femmes étaient séparés. Avec cette unification, l'agence peut maintenant aider les pays à créer des lois et des politiques plus égalitaires.

Elle peut aussi coordonner des programmes mondiaux dédiés à l'autonomisation des femmes et défendre les droits de celles qui sentent qu'elles n'ont pas de voix. De cette manière, ONU Femmes travaille pour que plus de femmes et de filles trouvent de vraies opportunités dans le monde.

Le principe fondamental d'ONU Femmes est : « Pas de paix, pas de prospérité, pas de développement durable sans égalité de genre. » L'égalité de genre est indispensable à la paix, au développement durable et à la prospérité dans le monde. C'est pourquoi l'organisation travaille pour faire entendre les voix des femmes dans toutes les régions du globe.

ONU Femmes intervient dans plusieurs domaines clés. Avec des campagnes mondiales comme HeForShe, dans lesquelles les hommes soutiennent l'égalité, l'organisation cherche à réduire la violence basée sur le genre. Elle sensibilise aussi bien les hommes que les femmes à la prévention de cette violence et offre des refuges ainsi qu'un soutien aux victimes.

Les femmes d'Afghanistan bénéficient de programmes d'ONU Femmes qui défendent le droit à l'éducation et offrent un soutien psychologique et **juridique**[3] en temps de crise. En Afrique de l'Ouest, il exist des

[3]juridique - legal

projets visant à mettre fin au mariage des enfants. L'organisation répond également aux catastrophes naturelles en offrant des services de protection dans des refuges temporaires au Népal et en Haïti. Ainsi, ONU Femmes travaille aux côtés de femmes du monde entier pour garantir leurs droits et leur sécurité.

ONU Femmes a réalisé des progrès importants, mais elle fait encore face à de nombreux défis. Dans plusieurs pays, il existe des lois discriminatoires que l'organisation cherche à changer. Dans les contextes de conflit, la violence contre les femmes augmente de manière alarmante. De plus, les crises climatiques affectent de manière disproportionnée les femmes et les filles. Enfin, beaucoup de femmes ont encore besoin de meilleures opportunités d'accès à un financement stable pour pouvoir avancer dans la vie.

ONU Femmes montre que le changement est possible lorsque les filles étudient, lorsque les femmes dirigent et lorsque les communautés travaillent ensemble. L'égalité de genre n'est pas seulement une « question de femmes » ; c'est une question de justice pour tous. Les petites actions dans nos propres communautés peuvent aider à créer un monde plus juste, plus sûr et plein d'opportunités pour toutes les personnes.

ODD 6 Eau propre et assainissement
Chapitre 4

Lorsque **nous ouvrons le robinet**[1] de la cuisine pour prendre de l'eau, nous le faisons souvent sans y penser. L'eau est **disponible**[2] dans nos maisons, dans les écoles et partout dans la communauté. C'est un privilège invisible pour ceux qui ne vivent pas une crise de l'eau.

L'Objectif de Développement Durable 6, Eau propre et assainissement, est important parce qu'il cherche à garantir un accès à l'eau durable pour toutes les personnes. Il encourage également l'accès à l'assainissement et à l'hygiène dans les communautés du monde entier.

Cet objectif est essentiel car, sans eau potable, les gens ne peuvent pas cuisiner, nettoyer ni boire en toute sécurité. Ils ne peuvent pas non plus prendre soin de leur santé de manière adéquate. Plusieurs maladies hydriques, comme le choléra, la diarrhée et la

[1]**nous ouvrons le robinet** - we turn on the faucet
[2]**disponible** - available

dysenterie, tuent des milliers de personnes chaque année. De plus, les effets du changement climatique, comme **les sécheresses et les inondations**[3], mettent encore plus de pression sur les systèmes d'approvisionnement en eau existants.

WaterAid et Water for People sont deux organisations qui cherchent à faire de l'accès universel à l'eau propre une réalité. Même si elles travaillent de manière différente, elles montrent toutes deux ce qu'une communauté peut accomplir lorsqu'elle veut réellement changer le monde.

Le travail de WaterAid et de Water for People est crucial, car une personne sur quatre dans le monde n'a pas accès à l'eau. De plus, près de la moitié de la population mondiale n'a pas accès à un assainissement sûr, ce qui augmente les risques de maladie et affecte la qualité de vie de millions de familles.

[3]**les sécheresses et les inondations** - droughts and floods

Le manque d'eau et de services d'assainissement de l'eau affectent particulièrement les femmes et les filles. Ce sont elles qui passent le plus de temps à aller chercher de l'eau, ce qui limite leurs possibilités de faire des études et de travailler. Dans les écoles sans latrines, les élèves manquent la classe plus souvent, et les adolescentes, en particulier, cessent d'y assister pendant la puberté.

WaterAid est une organisation fondée en 1981 au Royaume-Uni. Elle est née en réponse au **constat mondial**[4] de l'importance de l'accès à l'eau potable pour la santé. Elle est née d'une collaboration entre l'industrie britannique de l'eau et plusieurs organisations de développement international.

[4]**constat mondial** - global finding

Ils utilisent l'acronyme anglais WASH (water, sanitation, and hygiene) pour parler de leur travail. WaterAid se concentre exclusivement sur l'eau, l'assainissement et l'hygiène dans plus de 25 pays d'Asie et d'Afrique. Leurs priorités sont simples : promouvoir l'éducation à l'hygiène, travailler avec les gouvernements locaux pour construire des systèmes d'eau durables, installer des latrines et des stations de lavage des mains dans les communautés et les écoles, et construire des **puits**[5].

Leur modèle de travail est basé sur la gouvernance locale. Ils travaillent directement avec les communautés pour trouver des solutions à leurs problèmes d'eau. Ils ne se contentent pas d'arriver, de construire un puits et de repartir ; ils forment les habitants pour qu'ils puissent entretenir et maintenir les projets. Leurs techniques, comme les systèmes gravitaires et les pompes solaires, sont innovantes et durables.

Water for People a été fondée en 1961 à Denver, au Colorado, aux États-Unis. Sa mission est simple : pour tous et pour toujours. Leur approche va au-delà de la construction de systèmes d'eau : ils cherchent aussi à

[5]**puits** - wells

garantir un accès permanent à l'eau pour les communauté.

Water for People travaille dans neuf pays, de l'Amérique latine à l'Inde. Leurs missions sont nombreuses : **raccordements d'eau**[6] dans les foyers, construction de latrines et de systèmes d'assainissement, création de comités communautaires, formation de leaders locaux et mise en place de campagne de sensibilisation sur l'hygiène. Ils forment également des entrepreneurs locaux pour entretenir les systèmes qu'ils installent.

Même si elles ont les mêmes objectifs, WaterAid et Water for People sont différentes. WaterAid se concentre davantage sur les politiques publiques, sur l'éducation à l'hygiène et a une présence mondiale plus étendue. Water for People, par contre, est présente dans moins de pays, mais travaille de manière plus approfondie dans chaque communauté. Leur stratégie met moins l'accent sur la politique et davantage sur leur idée centrale : pour tous et pour toujours. Ils accordent aussi une grande

[6]**raccordements d'eau** - water connections

importance aux entreprises locales et à la durabilité.

Malgré leurs différences, les deux organisations partagent la même conviction, celle que l'eau propre est un droit humain. Elles travaillent aux côtés des communautés, et non en se positionnant au-dessus d'elles. Elles croient que les meilleures solutions sont celles à long terme, et non la simple charité.

Grâce au travail de ces organisations, une jeune fille au Malawi peut maintenant aller à l'école parce que le nouveau puits est proche de sa communauté. Au Guatemala, un comité local a été formé pour entretenir le nouveau système d'eau. Au Rwanda, une mère est devenue entrepreneuse et dirige maintenant une entreprise d'assainissement. Ces exemples montrent à quel point leur travail est important.

L'eau signifie sécurité, dignité, santé et opportunité. Sans l'Objectif de Développement Durable 6, les progrès réalisés sur les autres objectifs se feraient plus lentement. Des organisations comme WaterAid et Water for People nous montrent que la collaboration peut créer des changements durables et que les communautés sont plus fortes lorsque les systèmes sont construits pour elles et avec elles, et non pour elles mais SANS elles.

ODD 11 Villes et communautés durables
Chapitre 5

Il existe des modes de vie très différents partout dans le monde. Dans des États comme le Montana, aux États-Unis, une grande partie du territoire est rurale, mais la population urbaine représente environ 53 %. Dans d'autres États, comme la Californie, plus de 90 % de la population vit dans des zones urbaines. L'Objectif de Développement Durable 11 cherche à faire en sorte que les villes et les établissements humains soient inclusifs, sûrs, résilients et durables.

impACTE

Dans le monde entier, plus de la moitié de la population vit dans des villes. D'ici 2050, on estime que 70 % de la population mondiale **vivra**[1] dans des zones urbaines. Cette urbanisation rapide crée plusieurs problèmes.

Le manque de logements, ainsi que l'accès inégal aux services essentiels comme l'électricité, les écoles, les cliniques et les transports, sont quelques-uns des impacts majeurs de l'urbanisation mondiale. Cette inégalité cause une augmentation du nombre de personnes sans abri et de quartiers informels.

Les effets du changement climatique touchent également les zones urbaines de manière inégale. Les catastrophes naturelles, comme les inondations, les tremblements de terre et les **ouragans**[2], causent souvent plus de **dégâts**[3] dans les zones urbaines, en raison de la forte densité de population et de la fragilité des infrastructures.

Dans le monde plus de 1,6 milliard de personnes vivent sans logement convenable. On sait que l'accès à des logements sûrs et abordables peut aider à rompre le cycle de la pauvreté. C'est pourquoi l'Objectif de Développement Durable 11 est si important : il

[1]**vivra** - will live
[2]**ouragans** - hurricanes
[3]**dégâts** - damages

cherche à garantir que toutes les personnes, partout dans le monde, trouvent un endroit sûr et digne où vivre.

En bâtissant des logements sûrs et des communautés stables, Habitat for Humanity favorise l'autonomie des familles. Son action constitue une mise en œuvre concrète de l'ODD 11.

Habitat for Humanity est une organisation à but non lucratif fondée en 1976 à Americus, en Géorgie, par Millard et Linda Fuller. Aujourd'hui, Habitat for Humanity travaille dans plus de 70 pays et se concentre sur la collaboration avec les familles pour construire des logements abordables et durables.

Une des raisons pour laquelle Habitat for Humanity est unique est son modèle de travail. Ce modèle est basé sur des partenariats avec les familles et sur leur participation active. Ce n'est pas simplement de la charité : c'est une collaboration. Les familles qui reçoivent les maisons ne les obtiennent pas gratuitement ; elles apportent leur contribution en effectuant des heures de travail pendant la construction. Cette participation crée de la joie et de la satisfaction, de la responsabilité et un véritable sentiment de communauté.

Le slogan de Habitat for Humanity résume tout « Un monde où chaque personne a un endroit digne où vivre ». L'organisation veut travailler aux côtés des habitants des communautés où elle construit, dans le but de créer un avenir meilleur pour tous.

Lorsque Millard et Linda Fuller ont fondé Habitat for Humanity, ils l'ont fait en s'appuyant sur cette conviction : le logement est un droit humain fondamental. Lors de ses premiers projets, l'organisation et les familles construisaient ensemble leurs maisons et, quand les familles remboursaient leurs **prêts avantageux**[4], cet argent servait à financer la construction de nouvelles maisons. Ce cercle a permis à plus de familles d'obtenir un endroit sûr où vivre.

Dans les années 1980, les projets de l'organisation ont commencé à l'international, notamment au Zaïre

[4]**prêts avantageux** – favorable loans

(aujourd'hui la République démocratique du Congo) et dans d'autres pays. En 1984, l'ancien président Jimmy Carter a commencé à soutenir le travail de Habitat. Son projet personnel, le Carter Work Project, a apporté une reconnaissance mondiale à la mission de Habitat for Humanity et a inspiré des milliers de bénévoles à travers le monde.

Les maisons qu'ils construisent sont uniques. Elles sont adaptées au climat et à la culture de chaque région. Des bénévoles, des charpentiers professionnels et des familles locales travaillent ensemble pour construire des communautés entières de logements abordables. Et le mieux, c'est que les tarifs sont abordables grâce à la contribution des familles pendant la construction, ce qui réduit les coûts et renforce le sentiment de communauté.

Habitat for Humanity ne construit pas seulement de nouvelles maisons ; l'organisation fait également des rénovations, des réparations et des travaux de protection contre les intempéries. Elle réalise aussi les aménagements nécessaires pour les personnes en situation de handicap et les personnes âgées. Après des catastrophes naturelles comme les ouragans, elle aide à reconstruire les maisons et propose de petits prêts pour des réparations. Habitat offre même une éducation financière sur la **gestion**[5] d'un logement pour aider les familles à maintenir une stabilité à long terme. C'est une organisation solide qui aide de nombreuses manières différentes.

Partout dans le monde, Habitat for Humanity continue de changer des vies. Des bénévoles ont voyagé dans de nombreux pays pour travailler aux côtés des familles dans la construction de milliers de logements. Aux

[5]**gestion** - management

Philippines, ils ont construit des maisons résistantes aux tempêtes après le typhon Haiyan en 2013. En Amérique latine, leurs programmes au Guatemala, au Costa Rica et au Mexique se concentrent sur des prêts avantageux et l'utilisation de matériaux de construction durables.

Des États-Unis aux pays de tous les continents, les initiatives de Habitat for Humanity changent la vie des communautés. Une maison n'est pas simplement une structure : elle représente la sécurité, la stabilité et l'espoir. Sans logement sûr, les gens ne peuvent pas se concentrer sur l'éducation, la santé ou les opportunités professionnelles. C'est pourquoi nous savons que les villes deviennent plus fortes lorsque les logements sont accessibles à tous, abordables et résilients.

ODD 12 Consommation et production responsables
Chapitre 6

La consommation humaine a dépassé la capacité de la planète à régénérer ses ressources. Qu'est-ce que cela signifie ? Cela signifie que le rythme auquel nous consommons aujourd'hui n'est pas durable.

L'Objectif de Développement Durable 12 a pour but de garantir des modes de consommation et de production durables. Cet objectif est essentiel, car nos habitudes de consommation — l'**épuisement**[1] des ressources, la pollution et la surexploitation des matériaux — contribuent au changement climatique et à la perte de biodiversité.

Cet objectif est lié à la vie quotidienne des personnes partout dans le monde. On estime que d'ici 2050, il y aura plus de plastique que de poissons (en tonnes) dans les océans. Près d'un **tiers**[2] des aliments produits dans le monde sont perdus ou gaspillés. De plus, des pratiques non durables ont des conséquences négatives sur les communautés, les animaux et les écosystèmes.

[1]**épuisement** - exhaustion
[2]**tiers** - third

En faisant attention à l'Objectif 12, nous pouvons faire de meilleurs choix concernant notre alimentation, la mode, les plastiques, l'utilisation de l'énergie et ce que nous achetons, jetons ou réutilisons. Certaines organisations montrent déjà l'exemple. Deux des leaders qui réinventent la manière dont nous produisons, consommons et protégeons le monde sont le World Wildlife Fund et la Fondation Ellen MacArthur.

La durabilité joue un double rôle dans le monde. D'abord, il faut protéger la nature, les écosystèmes et les espèces. Il faut transformer les industries, encourager une production durable et réduire le gaspillage. Le WWF et la Fondation Ellen MacArthur représentent la conservation, l'innovation, la protection et la refonte de nos systèmes.

Le WWF a été fondé en Suisse. Son objectif initial était de collecter des fonds pour protéger les espèces menacées d'extinction. Son logo, le panda, est devenu le symbole mondial de la conservation. Bien que l'organisation ait commencé par la protection de la faune, sa mission est devenue plus grande pour inclure la protection de la biodiversité de la planète en transformant les modes de consommation humaine.

Le WWF est présent dans plus de 100 pays. Il protège des espèces comme les tigres, les éléphants et les tortues marines. Il protège également les habitats naturels tels que les forêts tropicales, les rivières et les océans. En plus, il protège les ressources naturelles comme **l'eau douce**[3] et les pêcheries. Tout cela se fait en collaboration

[3]**l'eau douce** - freshwater

avec les communautés, les entreprises et les gouvernements.

Parmi ses campagnes les plus connues figure Earth Hour, une campagne mondiale durant laquelle les personnes éteignent les lumières pour montrer leur engagement envers la protection de la planète. Le WWF organise aussi d'importantes campagnes de conservation en Amazonie, dans le bassin du Congo et à Bornéo.

La Fondation Ellen MacArthur a été fondée en 2010 par une navigatrice britannique nommée Ellen MacArthur. Pendant son tour du monde à la voile, elle a réalisé à quel point les ressources naturelles de la planète sont limitées. Cette expérience l'a amenée à réfléchir à ses propres habitudes de consommation.

Ellen MacArthur a une mission claire : accélérer la transition vers une économie circulaire. Qu'est-ce que l'économie circulaire ? Aujourd'hui, notre système de consommation est linéaire : produire, utiliser et jeter. Une économie circulaire est un modèle qui cherche à réutiliser, réparer, renouveler et recycler les matériaux. Grâce à ce modèle, les matériaux peuvent être réintégrés dans l'économie, ce qui réduit l'extraction de nouvelles ressources et la pollution.

impACTE

La Fondation Ellen MacArthur travaille avec de grandes entreprises comme Nike, Unilever et Google pour transformer leurs pratiques. Elle collabore également avec des gouvernements et des villes afin de modifier les politiques publiques. De plus, elle travaille avec des écoles et des universités pour sensibiliser les étudiants à l'importance de consommer moins.

Les initiatives de la fondation incluent des défis de conception circulaire, la transformation des systèmes alimentaires et The New Plastics Economy, un programme qui applique les principes de l'économie circulaire aux emballages plastiques dans le monde entier. La fondation accorde une grande importance à la recherche et à l'éducation.

La fondation a eu un impact majeur grâce à son mouvement Global Plastics Pact, qui cherche à éliminer les plastiques inutiles et à repenser la manière dont ils sont produits et utilisés.

Les deux organisations se concentrent sur la sauvegarde. Elles protègent la biodiversité et les écosystèmes. Elles travaillent à rendre les industries agricoles et de la pêche plus durables et à réduire les dommages causés par les systèmes actuels.

Les deux sont nécessaires : le WWF protège ce que nous avons déjà, tandis que la Fondation Ellen MacArthur réinvente la façon dont nous produisons et consommons pour préserver notre avenir. Ensemble, elles nous montrent comment utiliser les ressources naturelles de manière responsable, réduire le gaspillage, protéger la nature et transformer nos habitudes et nos systèmes.

Chaque produit que nous achetons a une histoire. De la matière utilisée pour le fabriquer à la personne qui l'a fabriqué, utilisé ou jeté, chaque phase a un impact. Une consommation responsable signifie réfléchir avant de consommer. Cela veut dire faire de meilleurs choix et gaspiller moins. Des consommateurs conscients et des entreprises innovantes peuvent changer le monde.

Glossaire

à to, in, at
a has
abordables affordable
abri shelter
accéder to access
accélérer to accelerate
accès access
accessibles accessible
accomplir to accomplish
accorde gives, grants
accordent give, grant
achetons buy
action(s) action(s)
active active
actuels current
adaptées adapted
adéquate adequate
administratifs administrative
adolescentes adolescents, teenagers
affecte affects
affectent affect
afin so that, in order
âge(s) age(s)
âgées older
agence agency
agricoles agricultural
aidé
  ont aidé helped
aide helps, aides; aid
aident help, aid
aider to help, aide
ainsi as well as
ait has
alarmante alarming
alimentaire(s) dietary, relating to food
alimentation nutrition
aliments foODD
aller to go
alors so, therefore
amazonie Amazon rainforest
aménagements modifications
amenée
  l'a amenée led her
américaine American
amérique America
anglais English
animaux animals
année(s) year(s)
ans years
applique applies
apporté
  a apporté brought

apporte brings
apportent bring
apprécient appreciate
appris
  a appris learned
approche approaches
approfondie in-depth
après after
argent money
arrivée arrival
arrivent arrive
arriver to arrive
arrivés arrived
arrivons arrive
aspects aspects
assainissement purification, sanitation
assez enough
assister to attend
as-tu did you have
asturies Asturias (region in Spain)
attendaient were waiting
attention attention
au to the, at the, in the
aux to the, at the, in the
aucun(e) no, not any
au-delà beyond
au-dessus above, over
augmentation increase
augmente increases
aujourd'hui today
auquel to which, in which
  auxquels to which
aura will have
aussi also
autonome independent, self-governing
autre(s) other(s)
avaient had
avait had
avancer to advance
avant before
avantageux advantageous
avec with
avenir future
avoir to have
avons have
base base
basé(e) based
bassin basin
bâtissant building
beaucoup a lot

bébés babies
bel good, fine
bénéficiaires beneficiaries
bénéficient benefit
bénévoles volunteers
besoin(s) need(s)
  ont besoin need
bien well
  bien que although
bien-être well-being
biodiversité biodiversity
blessure(s) wound(s)
boire to drink
bombardements bombings
bonne good
Bornéo Borneo (an island in Asia)
britannique British
bureaucratie bureaucracy
bus bus
but goal
Californie California
calories calories
camarades classmates
campagne(s) campaign(s)
camps camps
capacité ability, capacity
capitale capital
car for, because
caractéristiques characteristics
cas case
catastrophe(s) catastrophe(s)
cause causes
causent cause
causés caused
ce this, that
cet, cette this, that
cela that
célèbre famous
celle(s) that, those
central(e) central
centre center
cercle circle
certain(e)s certain
ces these, those
cessent cease, stop
ceux those
changé
  a changé changed
changement(s) change(s)
changent change

changer to change
chapitre chapter
chaque each, every
charité charity
charpentiers carpenters
chauds hot
chef(s) chef(s)
cherche seeks
cherchent seek
chercher to seek, to look for
chimiques chemical
chirurgiens surgeons
choix choice
choléra Cholera
chose thing
circulaire circular
civile civil
classe class
clés keys
climat climate
climatique(s) climatic, climate
cliniques clinics
cœur heart
collaboration collaboration
collabore collaborates
collecter to collect
combattre to fight, to combat
comité(s) committee(s)
comme like
commence begins
commencé
  a commencé began
  ont commencé began
commencer to begin
comment how
communautaire(s) community
communauté(s) community, communities
composé(es) made up of, composed
compréhension comprehension
comprendre to understand
compte
  tenir compte to take into account, to consider
concentre
  se concentre focuses
concentrent
  se concentrent focuses
concentrer
  se concentrer to focus
conception concept

concernant concerning
concrète concrete
conflit(s) conflict(s)
connu(es) known
conscients conscious
conséquences consequences
conservation conservation
consommateurs consumers
consommation consumption
consommer to consume
consommons consume
constat assessment, analysis
constitue constitutes
construction construction
construire to construct
construisaient were. constructing
construisent construct
construit(s) constructed
contente
se contente settles
contentent
se contentent settle
contextes contexts
continents continents
continue continues
continuent continue
contre against
contribuent contribute
contribution contribution
convaincu(e)(s) convinced
convenable suitable
conviction conviction, belief
coordonner to coordinate
corps body
côtés sides
courage courage
coûts costs
création creation
créativité creativity
crée creates
a été créée was created
créent create
créer to create
crise crisis
crises crises
croient believe
croit believes
crucial crucial
cuisine(s) kitchen(s)
cuisiner to cook
cuisinés cooked
cuisiniers chefs
culinaire(s) culinary

culture culture
curiosité curiosity
cycle cycle
c'est it's
dangereuses dangerous
dangereux dangerous
dans in
davantage more
de of, about, from
  des, du of the, from the, about the
décidé
  a décidé decided
déclaré
  a déclaré declared
dédié
  a dédié dedicated
dédié(s)(e) dedicated
défendent defend
défendre to defend
défis challenges
dégâts damages
déjà already
demander to ask
démocratique democratic
densité density
départements departments
dépassé
  a dépassé surpassed
déplacement(s) displacement(s)
désastre desaster
désir desire
détruites destroyed
deux two
devaient had to
dévastateur devastating
développement development
développer to develop
devenir to become
devenu
  est devenu(e) became
deviennent become
devons must, have to
devrait should
diarrhée diarrhea
différence(s) difference(s)
différent(e)(s) different
difficiles difficult
digne dignified, worthy
dignité dignity
dire to say, to tell
direct(e) direct
directement directly

dirige directs
dirigent direct
discipline discipline
discrimination discrimination
discriminatoires discriminatory
disponible available
dispositif system
disproportionnée disproportionate
distribuent distribute
doit must, has to
doivent must, have to
domaines domains
dommages damages
donateurs donors
donné
  lui a aussi donné also gave him
données data
donner to give
dont in which
double double
douce
  eau douce freshwater
droit(s) right(s)
durabilité sustainability
durable(s) sustainable, lasting
durant during
dysenterie dysentery
d'abord first
d'affecter to affect
d'agriculture of agriculture
d'améliorer to improve
d'approvisionnement of supply
d'argent of money
d'arriver to manage
d'atrocités of atrocities
d'attaques of attacks
d'attendre to wait
d'en of it, of them
d'encore even more
d'équipement of equipment
d'espoir of hope
d'exception exceptional
d'extinction of extinction
d'humanité of humanity
d'hygiène of hygiene
d'ici from here, from now
d'importantes of important
d'infirmiers of nurses
d'ingénieurs of engineers
d'injustices of injustices

d'insécurité of insecurity
d'installer to install, to place
d'obtenir to obtain
d'opportunités of opportunities
eau water
ebola Ebola
échoué
  avaient échoué had failed
écoles schools
économie(s) economy/economies
écosystèmes ecosystems
écoute listens
éducation education
effectuant performing, carrying out
effets b
également equally
égalitaires egalitarian
égalité equality
élection election
éléphants elephants
élevé raised, elevated
élèves students
éliminer to eliminate
elle(s) she, they
élue elected
emballages packages
emballées wrapped, packaged
émigré
  a émigré emigrated
émission show
en in
enceintes pregnant
encore still
encourage encourages
encourager to encourage
endroit(s) place(s)
enfants children
enfin finally, at last
engagement committment
énorme enormous
ensemble together
entendre to hear
entier entire
entières entire
entre between, among; enters
entrent enter
entrepreneurs entrepreneur
entrepreneuse entrepreneur
entreprise(s) business(es)
entrer to enter
entretenir to look after

envers towards
environ around
envoient send
épidémies epidemics
équipe(s) team(s)
espaces spaces
espagne Spain
espagnol(e) Spanish
espèces species
essentiel(s) essential
est is
estime estimate
estomacs stomachs
et and
établissements establishments
étaient were
était was
étant being
états states
états-unis United States
été
  a été was
  ont été were
êtres
  êtres humains human beings
études studies
étudiants students
étudient study
eu
  a eu had
  n'ont pas eu didn't have
événement event
évitables avoidable
exclusivement exclusively
exemple(s) examples
existants existing
existe exists
expérience experience
expression expression
extrême extreme
fabriqué
  l'a fabriqué created it
face
  faire face faces
façon manner, way
faim hunger
  ont faim are hungry
faire to make
faisant making
faisons make
fait makes
  a fait made
  ont fait made
faites make

famille family
familles families
famines famines
faune fauna, wildlife
faut
  il faut it's necessary
faveur favor
favorise favors
femme woman
femmes women
feraient would do, would make
figure features
fille(s) girl(s)
fin end
financement financing
financer to finance
financière financial
fonctionne functions
fondamental fundamental
fondamentaux fundamental
fondation foundation
fondé(e) founded
fonds funds
forêts forests
formation training
formé
  a été formé was formed
forment train
forte(s) strong
foyers homes
fragilité fragility
frais fresh
français French
frontières frontiers, borders
garanti guaranteed
garantir to guarantee
garantit guarantees
garçons boys
gaspillage waste
gaspiller to waste
gaspillés wasted
gastronomie cooking
générations generations
générosité generosity
genre(s) gender(s)
gens people
gestion management
global global
gouvernance governance
gouvernementale(s) governmental

gouvernementaux governmental
gouvernements governments
grâce through, by means of
grand(e)(s) big
grandi
a grandi grew, grew up
grandir to grow
gratuitement free
gravitaires gravitational
groupe(s) group(s)
guerre war
h o'clock
habitants inhabitants
habitat(s) habitats
habitudes habits
habituée accustomed
haïtienne Haitian
handicapées handicapped
harcèlement harassment
heures hours
histoire story, history
historique historical
hommes men
hôpitaux hospitals
humain(e)(s) human
humanitaire(s) humanitarian
hydriques waterborne
hygiène hygiene
idée idea
il he
ils they
impact(s) impact(s)
importance importance
important(s) important
impossible impossible
incluent include
inclure includes
inclusifs inclusive
indépendance independence
indépendante independent
indispensable vital
industries industries
inégal(e) unequal
inégalité inequality
inégalités inequalities
infantile infantile
influencée influenced
informels informal
infrastructure(s) infrastructure(s)
initial initial

initiatives initiatives
initiaux initial
innovante(s) innovative
inondations floODD
inspiré inspired
installe builds, establishes
installent build, establish
installer to build, establish
installés built, established
intempéries bad weather
international(e) international
intervenir to intervene
intervention(s) intervention(s)
interviennent intervene
intervient intervenes
introduction introduction
introduit introduces
inutiles useless, unnecessary
invisible invisible
janvier January
je I
jeté threw
jeter to throw
jetons throw
jeune(s) young
joie joy
joue plays
jouer to play
jour day
journalistes journalists
juridique legal
jusqu'à ce que until
juste(s) fair, just
justice justice
la, le, les the
là there
là-bas over there
lancer launch
laquelle which
latine Latin
latrines toilets, latrines
lavage cleaning, washing
leader(s) leader(s)
leadership leadership
lentement slowly
lesquelles which
leur(s) their
lèvent
  se lèvent get up
lié(e) linked
lien connection, link
lieux places
limite limit
limitées limited

linéaire linear
local(e)(s) local
locaux local
logement(s) housing, accomodations
logo logo
lois laws
long long
lors during
lorsque when
lucratif lucrative
lui to him/her, for him/her
lumières lights
l'accent the accent
l'acronyme the acronym
l'ancien former
l'autonomie the autonomy
l'électricité the electricity
l'énergie the energy
l'épicentre the epicenter
l'épuisement the exhaustion
l'espoir the hope
l'extérieur the exterior
l'extraction the extraction
l'implication the implication
l'incertitude the uncertainty
l'innovation the innovation
l'ouest the west
l'utilisation the utilisation
magnitude magnitude
mains hands
maintenant now
maintenir to maintain
mais but
maison(s) house(s)
majeur(s) major
majorité majority
maladie(s) sickness(es)
malgré in spite of
manger to eat
manière(s) manner(s), way(s)
manque lack
manquent miss
mariage marriage
marier to marry
marines sea, marine
marqué
  a marqué marked
masculins masculine
matériaux materials
maternelle maternal
matière matter
médecine medicine
médecins doctors

médicale medical
médicaux medical
meilleur(e)(s) best
même(s) same, even
menacée(s) threatened
mentale mental
mère(s) mother(s)
mérite deserves
met puts
mettait was taking
mettent put
mettre to put
mieux better
milieu middle
milliard(s) billion(s)
milliers thousands
millions millions
mise
  mise en œuvre use, implementation
mission(s) mission(s)
mobiliser to mobilize
mode(s) style(s), trend(s)
modèle model
modérée moderate
modernes modern
modifier to modify
moins less, fewer
moitié half
moment(s) moment(s)
monde word
mondial(e)(s) global
mondiaux global
montré
  ont montré showed
montre shows
montrent show
montrer to show
mort death
mortalité mortality
motive motive
mots words
mouraient were dying
mourir to die
mouvement movement
nations nations
nature nature
naturelle(s) naturals
naturels naturals
navigatrice sailor
né
  est né(e) was born
  sont nés were born

ne...pas not, does not
nécessaire(s) necessary
négatives negative
nettoyer to clean
neuf nine
neutre neutral
ni nor
nombre number
nombreuses numerous
nombreux numerous
nommée named
non not
normal normal
nos our
notamment notably
notre our
nourrir to feed
nourriture food
nous we, us
nouveau new
nouveau-nés newborns
nouvelles new
nutrition nutrition
n'a pas doesn't have
n'arrive pas don't arrive
n'avait aucun he had no
n'avait qu'une only had one
n'est pas is not
n'existe aucune there is no
n'ont pas don't have
n'y
il n'y avait rien there was nothing there
objectif(s) objectives
obligées obligated
obtiennent obtain, get
océans oceans
œuvre
mettre en œuvre use, implement
offrant offering
offre offers
offrent offer
offrir to offer
on we, you, then
ont have
opération operation
opinions opinions
opportunité opportunity
opportunités opportunities
optimisme optimism

organisation(s)
organization(s)
organise organizes
ou or
où where
ouragans hurricanes
outils tools
ouvrons open
paëlla(s) paella(s)
paix peace
paludisme malaria
panda panda
papiers papiers
par by
parce que because
parfaits perfect
parler to speak
parmi among
partagent share
partenaire(s) partner(s)
partenariats partnerships
participation participation
particulier particular
particulièrement particularly
partie part
partir to leave
partout throughout
parvenir to reach
pas not
passé past
passent spend
passifs passive
passion passion
patients patients
pauvres poor
pauvreté poverty
pays country
pêche fishing
pêcheries fisheries
pendant during, while
pense thinks
penser to think
perdu(s) lost
père father
permanent permanent
permet permits, allows
permis
a permis permitted
permission permission
personne person
personnel personal
personnes people
perte loss
petit(e)(s) small, little

peur fear
peut can
peuvent can
peux-tu can you
pharmaciens pharmacists
phase phase
place
  mise en place implementation
plan plan
planète plante
plastique(s) plastics
plats dishes
plein full
plus more
  non plus neither
plusieurs many, several
point
  à quel point to what degree, how much
poissons fish
politiciens politicians
politique(s) political
pollution pollution
pompes pumps
population(s) population(s)
portables portable
portaient were wearing
positionnant positioning
possibilité possibility
possibilités possibilities
possible possible
potable potable, drinkable
pour for
pourquoi why
pourrait would be able
pouvaient could
pouvait could
pouvoir to be able
pouvons could
pratique practical
pratiques practices
précision precision
premier(s) first
première first
prend take
prendre to take
prennent take
préparait was preparing
prépare prepares
préparer to prepare
près near
présence presence
présent present

présente present
préserver to preserve
président(s) president
presque almost
pression pressure
prêts ready
prévenir prevent
préventifs preventative
prévention prevention
prévoyaient planned
principe(s) principle(s)
priorités priorities
pris took
privilège privilege
problème(s) problem(s)
processus process
proche close
production production
produire to produce
produisons produce
produit(s) product(s)
professionnelles professional
professionnels professional
profite
    profite à benefits
profondément deeply
programme(s) program(s)
progrès progress
projet(s) project(s)
promotion promotion
promouvoir to promote
propose proposes
propre(s) clean; own
prospérité prosperity
protection(s) protection(s)
protège protects
protègent protect
protégeons protect
protéger to protect
psychologique psychological
psychologues psychologists
puberté puberty
publiques public
puissant powerful
puisse can
puissent can
puits well
qualité quality
quand when
quartiers settlements
quatre four
que that, than
que ce soit whether

quel
- **à quel point** how much, to what degree
- **quel que** whatever

quelque some
- **quelque chose** something

quelques-un(s) some
quelqu'un someone
question(s) question(s)
qui who, which
quitté
- **avaient quitté** had left

quittent leave
quotidienne daily
qu'auparavant than before
qu'est-ce que what
raccordements connections
race race
raison(s) reason(s)
rapide(s) rapid
rapidement rapidly
rations portions
réalise realizes, carries out
réalisé
- **a réalisé** realized

réalisés accomplished
réalité reality
recettes recipes
recevoir to receive
recherche research
reçoit receives
reçoivent receive
réconfort reassurance, comfort
reconnaissance recognition, acknowledgement
reconnu recognized
reconstruction reconstruction
reconstruire to reconstruct
reçu
- **a reçu** received

recycler to recycle
redonner to give back, to return
réduire to reduce
réduit reduces
réellement genuinely
réfléchir to reflect, to think
refonte revision
refuges refuges
réfugiés refugees
regarder to watch

régénérer to regenerate
région(s) regions
réintégrés reintegrated
réinvente reinvents
réinventent reinvent
religion religion
remarquable remarkable
remboursaient were reimbursing
remplir to fill
rendre to make
renforce reinforces
renouveler to renew
rénovations renovations
réparations repairs
réparer to repair
repartir to leave again
repas meal
repenser to think back on
répond responds
répondre to respond
réponse response
représente represents
représentent represent
république republic
résilients resilient
résistantes resistant
respecte respects
respecté(e)s respected
responsabilité responsibility
responsabilités responsibilities
responsable(s) responsable
ressources resources
restaurant restaurant
reste remains
rester to remain
résume summarizes
rétablir to restablish
retrouvées
  se sont retrouvées found themselves
réussi
  ont réussi succeeded
réutiliser to reuse
réutilisons reuse
révolutionnaires revolutionary
richesse richness
rien nothing
risque(s) risk(s)
rivières rivers

robinet tap, faucet
rôle role
rompre to break
rougeole measles
rurale rural
rythme rhythm
sa, ses, son his, her, its
sages-femmes midwives
sait knows
salué acknowledged
sanitation sanitation
sans without
santé health
satisfaction satisfaction
sauvé
  ont sauvé saved
sauvegarde safeguards
sauver to save
savons know
scolaires school
sécheresses droughts
secrets secrets
sécurité security
  en sécurité safe
selon according to
sens sense
sensibilisation awareness
sensibilise makes aware
sensibiliser to make aware, to raise awareness
sentent feel
sentiment feeling
sentir to feel
séparés separated
servait served
servent serve
services services
servir to serve
seule alone, single
seulement only
sévère severe
sexuel sexual
si if
signifie signifies
silencieux silent
simple(s) simple
simplement simply
sinistrée damaged
situation(s) situation(s)
slogan slogan
société society
soient are
soigne takes care of

soigné
  ont soigné took care of
soignent take care of
soigner to take care of
soin care
soins treatments
soit is
solaires solar
solide solid
solutions solutions
sont are
sorte
  faire en sorte que to make sure
souffraient were suffering
sous under
soutenir to support
soutien support
soutiennent support
soutient supports
souvent often
spécialisées specialized
spécialistes specialists
stabilité stability
stable(s) stable
stations stations
stratégie strategy
structure structure
sud south
sur on
sûr(s) sure, certain
surexploitation overexploitation
surtout especially
survivants survivors
survivre to survive
symbole symbol
système(s) systems
s'adapter to adapt
s'appelle is called, named
s'appuyant resting
s'entraider to help each other
ta, tes, ton your
tandis que while
tant
  en tant que as
tard late
tarifs tariffs
taux rate
techniques technique
télévisée televised
tels que such as
témoins witness

tempêtes storms
temporaires temporary
temps time
tenir to hold
  tenir compte de to consider
terme term
terre earth
territoire territory
tiers third
tigres tigers
tonnes tons
tortues turtles
touché
  a touché touched
touchées touched
touchent touch
touchés touched
toujours always
tour tour
tous, tout all, every
toute(s) all, entire, whole
traditionnelles traditional
traditions traditions
traitements treatments
transformant transforming
transformation transformation
transformé
  ne l'a pas seulement transformé didn't only transform him
transformer to transform
transition transition
transports transportation
traumatisme trauma(s)
travail work
travaillaient were working
travaillé
  a travaillé worked
travaille works
travaillent work
travailler to work
travailleurs workers
travaux works
travers across
traverser to cross
tremblement(s)
  tremblement(s) de terre earthquake(s)
très very
trop too
tropicales tropical

trouvaient
  se trouvaient were finding themselves
trouvait
  se trouvait was found
trouvent find
  se trouvent are found
trouver to find
tsunamis tsunamis
tuberculose tuberculosis
tuent kill
typhon typhoon
un(e) a, an, one
unies united
unification unification
unique(s) unique
uniquement uniquely, only
universel universal
universités universities
urbaine(s) urban
urbanisation urbanization
urgence emergency
utilisé(e)(s) used
utilisent use
utiliser to use
va goes
vaccination vaccination
vaccins vaccines
véritable(s) true, authentic
véritablement truly, really
vers towards
vêtements clothes
veulent want
veut wants
victimes victims
vie life
vies lives
villes cities
violence(s) violence
visant aiming, seeking
vit lives
vivaient were living
vivent live
vivra will live
vivre to live
voile
  à voile sailing
voix voice
volontaire(s) volunteer(s)
voulait wanted
voyage travels
voyagé
  ont voyagé traveled
vraies true

vu
  a vu saw
  avaient vu had seen
WASH Water, Sanitation, Hygiene (acronym)
y it, about it, to it; there
  il y a there is, there are
  il y aura there will be
yeux eyes
zéro zero
zone(s) zone(s)

Who am I... and why am I different?

Léo is a little water sprite who feels different from everyone else. While his friends splash and play in the river, Léo wonders why he never quite seems to belong. But when he hears a mysterious legend about the ancient spirit Mélusine, everything begins to change.

Determined to uncover the truth, Léo sets out on an incredible journey along the Loire River. Among magical waters, ancient castles, and hidden secrets, he meets unexpected friends and discovers stories long forgotten.

Along the way, Léo learns about courage, friendship, and the powerful truth about who he really is.

Perfect for beginning French readers, this enchanting story blends legend, adventure, and self-discovery in an unforgettable way.

More resources:
Scan these codes for more information or visit: bit.ly/s2scurricula

Join us for book club L'esprit de Mélusine and El espíritu de Xólotl

Huellas program for Spanish students.
Niveles 3 y 4

Empreintes Program for French Students.
Niveles 3 y 4

More Resources from Carrie Toth

Available on WaysidePublishing.com

About the Author

Carrie Toth is a National Board Certified Spanish teacher with over 30 years of classroom experience. She is the author of the Huellas and Empreintes curriculum series, El espíritu de Xólotl, and numerous readers and instructional resources used by teachers across the United States and abroad. Carrie specializes in proficiency-based, acquisition-driven instruction and is a frequent presenter at state, regional, and national conferences, including ACTFL and Central States. Her work centers on building global citizenship through meaningful language use, cultural inquiry, and human connection in the world language classroom.

Follow the Author

On Instagram @somewhere.to.share
On Facebook: www.facebook.com/somewheretoshare
Blog and Store: SomewheretoShare.com
Teachers Pay Teachers: Somewhere to Share

Made in the USA
Monee, IL
03 November 2026

67383421R00046